AF314968

BALANCE

DE

LA NATURE,

PAR

Mademoiselle LE MASSON LE GOLFT.

A PARIS,

Chez BARROIS l'aîné, Libraire,
quai des Auguſtins.

M. DCC. LXXXIV.

AVEC APPROBATION, ET PERMISSION.

BALANCE

DE

LA NATURE.

Salomon, le plus sage des hommes, traita, dit l'Écriture, de tous les arbres depuis le cèdre qui est sur le Liban, jusqu'à l'hyssope qui sort de la muraille : il traita de même des animaux de la terre, des reptiles & des poissons ; fit trois mille paraboles & cinq mille cantiques. Sa réputation étoit telle, qu'on venoit de tout pays pour l'écouter, & que tous les Rois de la terre envoyoient vers lui pour être inſtruits : auſſi peut-on regarder la connoiſſance réfléchie des objets naturels comme la baſe des ſciences phyſiques & des arts agréables. Quoiqu'il ſemble qu'on ne puiſſe ſéparer ces deux belles parties qui la compoſent, l'utilité & l'agrément, on peut conſidérer l'une ſans donner une égale attention à l'autre. Je ne ſais ſi c'eſt une foibleſſe d'être frappée des objets d'une forme élégante ou richement colorés, avant d'appercevoir ceux qui cachent un plus grand intérêt ſous un extérieur plus modeſte ; mais je l'éprouve. Les riches fourrures des quadrupèdes, la variété dans le plumage des oiſeaux, l'or des inſectes, l'argenté des poiſſons, l'émail des coquillages, le frais

& tendre coloris des fleurs & des fruits, l'éclat des métaux & des pierres précieuses me séduisent toujours; cela ne va pas cependant jusqu'à me faire oublier les choses d'un ordre supérieur. Les développemens de l'inſtinct, les manœuvres de l'induſduſtrie, les avantages que nous procurent les productions des trois règnes, & les connoiſſances morales & phyſiques dont les rapports & les liaiſons forment la maſſe des connoiſſances acquiſes, obtiennent de temps en temps la préférence.

En jettant les yeux ſur quelques livres où l'on traite de l'art ſéduiſant qui, par le charme des couleurs, imite de plus près la nature , j'apperçus une table où les talens des

plus grands peintres font appréciés ;
cela me fit naître l'idée d'un tableau
où le mérite de chacun des principaux objets que la nature nous préfente feroit balancé ; & cette idée
me devint d'autant plus chère ,
qu'elle pouvoit, en quelque forte,
me procurer comme le pendant
d'un autre tableau que j'avois ef-
quiffé depuis long - temps : mais
j'avoue que la petite production qui
va nous occuper, & qui n'a, au
premier coup-d'œil , l'air que d'un
amufement , offre des difficultés
qu'un peu d'attention fait appercevoir, & qui m'ont fouvent arrêtée.
Non-feulement chacun a fon goût
comme fa manière de voir & de juger : mais les productions de la na-

ture n'ont pas par-tout une égale
beauté ; la culture, le climat jettent
entr'elles des différences confidéra-
bles. Le tableau dont je vais offrir
l'efquiffe, & que je me propofe de
retoucher dans la fuite , feroit im-
menfe, fi je ne m'étois bornée aux
principaux objets & aux genres,
fans avoir toujours égard aux variétés fpecifiques. Ceux qui croiroient
y remarquer peu de juftefse, peuvent être certains que je ferai la pre-
mière à applaudir, fi on en prefen-
toit un meilleur ; je les engage à fe
fouvenir que chacun des rapports
fous lefquels on peut confidérer les
objets naturels , font eux - mêmes
çombinés ; que la beauté des formes s'eftime par l'élégance & la

grace, réunies ou féparées ; celle des couleurs, par l'éclat, le velouté, l'accord ; celle des odeurs, par la fuavité, la fineffe, &c. Il en eft à-peu-près de même des faveurs & de toutes les faces fous lefquelles chaque claffe peut être confidérée. Nous entrerons bientôt dans un détail plus circonftancié.

Je fuppofe ici que dans chacune des qualités principales que peut avoir un objet, le plus haut degré équivaut au nombre vingt, & le plus petit à zéro. On doit encore obferver que le mérite relatif ne peut être eftimé par la fomme totale des qualités, mais feulement de forme à forme, de couleur à couleur , d'odeur à odeur , &c. Par exemple, de deux objets qui au- roient , l'un vingt pour chacune de ces qualités; l'autre le même nombre à deux feulement, & zéro à la troifième ; fi l'on difoit total pour celui - ci quarante , pour ce- lui - là foixante , & qu'on conclût que le mérite relatif de ces deux objets fût comme quarante eft à foixante , ou deux à trois, on fe tromperoit; car la réunion des trois qualités dans un même fujet, l'élève au deffus de celui qui n'en a que deux, & le tient au deffous de celui qui en auroit quatre, d'une manière qui peut être à peine fentie, & non appréciée par des nombres : au moins l'ai-je penfé comme cela, &

n'ai-je pas porté mes vues plus loin.

Quelle balance plus intéressante que celle des variétés du GENRE-HUMAIN ! & quoi de plus naturel, que de placer l'homme à la tête d'un ouvrage qui embrasse les principaux objets que la nature nous présente ! J'aurois pu considérer l'homme sous ces quatre rapports : beauté, bonté, esprit & savoir. La beauté se combine de la forme, de la couleur, &c ; & celles-ci se trouvent elles-mêmes combinées. Pour moins donner à l'arbitraire, la forme qui se rapproche le plus des belles statues antiques, eût été estimée la plus belle, puisque les nations qui ont excellé dans les arts qui ont le dessin pour bafe, conviennent fur ce point. Il n'en eft pas de même de la couleur; chacun eftime la fienne : je crois pourtant que fi la concurrence peut s'établir , ce ne doit être au plus qu'entre le blanc & le noir. Prefque tous les favans s'accordent à regarder le blanc comme la couleur primitive : c'eft déja une raifon en faveur des blancs. Cependant un beau noir , comme font les Jalofes, pourroit croire que la couleur des hommes, en noirciffant, s'eft perfectionnée. La nôtre n'offre à fes yeux qu'une bigarrure défagréable , & il trouve plus d'accord dans ceux qui lui reffemblent. Ces confidérations ne m'auroient point retenue : mais il en eft de fi délicates , que je n'ai pu me difpenfer d'y avoir égard. Quelle nation , quel peuple m'auroit pardonné d'avoir apprécié aux plus bas degrés par rapport à lui , une ou plufieurs de ces qualités qui fervirent toujours de bafe à l'eftime publique ? Tous n'ont-ils pas d'eux-mêmes des idées trop avantageufes ? Il peut arriver que moins frivole , tel peuple ait tourné toute fa fagacité vers les chofes les plus utiles & les plus propres à contribuer à fon bonheur , & que ce choix judicieux lui paroiffe une fcience infiniment préférable à une foule de connoiffances qu'il regarde comme fuperflues. L'hiftoire ne nous préfente-t-elle pas entre les hommes une grande différence à juger des choſes les plus eſſentielles ? Comment balancer des Nations à peine connues, mélangées par des migrations ? Juges & parties, la partialité n'eût-elle pas influé ſur nos jugemens ? D'un autre côté, la ſcience des choſes divines, & la pratique des vertus chrétiennes mettent une ſi grande différence entre eux, que notre Balance n'eût pu la faire ſentir : j'ai donc cru dans cet eſſai ne pas devoir apprécier les nations.

Les Quadrupèdes ſont le premier objet de cet opuſcule, les Oiſeaux ſuivent immédiatement, puis les aquatiques, & les Inſectes terminent le règne animal. Quant aux Végétaux, je me borne aux Arbres, aux Fleurs & aux Fruits. Dans le

règne Minéral, j'ai choifi par pré-
ference les Pierres précieufes & les
Métaux. Chaque objet, felon que
fa nature le permet, eft confidéré
fous différens afpects.

Les QUADRUPÉDES le font par la
forme, la couleur & l'inftinct. Dans
ce genre, comme dans les autres,
il eft des formes plus ou moins gra-
cieufes, plus ou moins élégantes,
plus ou moins gourdes, plus ou
moins maffives : il y en a de fortes
& de reffenties ; d'autres femblent
fe rapprocher de la forme humaine,
fans en avoir la majefté, l'élégance,
ni même les graces. Tout ceci rend
la comparaifon très-difficile ; cependant le fentiment eft un guide sûr,
qui, combinant l'un avec l'autre,

apprécie la valeur indépendamment du genre de beauté qu'il confidère. Nous le fuivrons donc ici; & fans faire de diftinction entre l'un & l'autre de ces genres, nous balancerons ce que nous paroît valoir telle ou telle forme. On pourroit en dire autant des couleurs : quoique chez eux elles foient moins hautes, moins brillantes, moins variées que fur les poiffons, les oifeaux, les infectes, les coquillages, &c. nous ne laiffons pas de les confidérer relativement à cet objet.

La différente réfrangibilité des rayons de lumière pourroit fervir à établir des principes fur la beauté, & même fur l'accord des couleurs. Je n'ai point fait ufage de la Chromatique ; j'ai cru trouver plus de reſſource, ou au moins plus de certitude, dans les préceptes de l'art de peindre, parce qu'il y a plus d'analogie entre l'application que font les peintres des couleurs, & celle que j'en dois faire pour ma balance. Nous remarquerons d'abord que les couleurs ſervent à diſtinguer les objets & à les caractériſer d'une manière particulière : mais nous ne voyons pas toujours ces couleurs telles qu'elles ſont, en conſidérant l'objet qu'elles décorent. Une couleur peut être apperçue ou telle qu'elle eſt, ou éclairée du ſoleil, ou dans une demi-teinte, ou même dans une ombre légère ; elle peut encore recevoir des altérations ou un nouveau degré d'intenſité par la réflexion des corps voiſins. La lumière réfléchie d'un corps pourpre ſur un blanc, le teint en couleur de roſe ; & ſi l'un & l'autre étoient ceriſe , les reflets réciproques rendroient la couleur beaucoup plus belle qu'elle ne l'eſt en effet. Les couleurs reçoivent encore un degré de beauté différent, à raiſon de l'état actuel des ſurfaces plus ou moins liſſes ; la tranſparence y occaſionne auſſi des différences ſenſibles ; elles reçoivent encore un nouvel éclat de la comparaiſon que l'œil en fait avec les couleurs voiſines. C'eſt principalement ſur tout ceci , & ſur l'accord reconnu de certaines couleurs entr'elles que les peintres fondent la magie de leur art. C'est aussi ce qui sert de base à mes appréciations, je n'ai pas seulement égard à la couleur propre des objets, je considère si cette couleur réfléchit plus ou moins de lumière ; si, lorsqu'elle reçoit plus ou moins d'ombres, elle conserve une partie de sa beauté, de son intensité, de sa fraîcheur, de sa suavité, de son moëlleux : j'observe encore ce qu'elle vaut auprès d'une autre, & réciproquement. Lors donc que j'ai comparé les couleurs des objets, j'ai étudié, pour ainsi dire, leur coloris, & mes déterminations sont moins arbitraires que fondées sur des principes reçus. L'application de ces principes m'a fourni l'occasion de les dévoiler plus

particulièrement en balançant chacun des genres qui composent l'His-
toire naturelle en général. Le coloris des quadrupèdes , celui des
poissons , &c. ne sont point du tout
le même. Mais ce qui distingue
particulièrement les quadrupèdes
d'entre plusieurs genres ou classes
du règne animal, c'est l'instinct : aussi
va-t-il entrer dans la balance que
nous en allons faire.

L'instinct est la faculté par laquelle
l'animal suit l'impression des sens , &
agit en conséquence de ce qui lui est
propre ou nuisible ; c'est peut-être
même quelque chose de plus : quoi
qu'il en soit, son essence ne nous
doit point occuper ici. Ce principe
de sensibilité & d'action le fait com-

muniquer avec les corps qui lui font étrangers par des fyftêmes organiques, ou des organes formés fur des plans différens, felon les genres. Tout eft relatif, tout eft difpofé de manière que chaque animal rempliffe la place qui lui a été deftinée par la fageffe infinie du Créateur ; fous ce point de vue, on pourroit dire qu'ils ont chacun tout l'inftinct poffible, puifqu'ils ont celui qui convient à leur manière d'être ; & cela même n'eft pas encore notre objet. Nous devons confidérer l'inftinct relativement aux idées que nous nous formons des chofes, & à l'habitude où nous fommes d'y rapporter tout. Le plus haut degré d'inftinct fera donc dans l'animal qui joindra à un fentiment doux & délicat, le plus de fimilitude naturelle & acquife avec nos procédés.

Après avoir apprécié les Quadrupèdes par leurs formes, leurs couleurs & leur inftinct, il femble naturel de faire fuivre immédiatement les OISEAUX. En général le modèle fur lequel ceux-ci font formés s'éloigne moins de celui des Quadrupèdes que ne font les Poiffons ; l'élément dans lequel ils vivent eft le même , & quoique nous ayons moins d'influence fur ceux-ci que fur ceux-là , ils font en quelque forte plus voifins de nous que les Poiffons. Il femble au premier coup-d'œil qu'on pourroit confidérer les Oifeaux fous cinq afpects : la forme,

la couleur, la rapidité du vol, l'inftinct, & la beauté de leur chant. La
rapidité du vol eſt parmi les Oiſeaux
un avantage conſidérable, ſoit pour
pourſuivre, ou pour éviter, & pour
faire de promptes migrations ; mais
comment balancer au juſte cet avantage ? Quels moyens nous ſeroient
offerts pour le meſurer ? Il y a des
Oiſeaux qui ne volent, pour ainſi
dire, que par ſauts ; d'autres ſem-
blent ne s'aider de leurs aîles que
pour mieux courir ; il s'en trouve
qui n'en font preſque aucun uſage.
J'ai donc cru ne pas devoir apprécier
cette faculté. L'inſtinct des Oiſeaux
eſt ſans doute admirable ; il ſeroit à
craindre que ne le connoiſſant point
aſſez, je n'en fiſſe une comparaiſon

hafardée, je me fuis abftenu d'en faire la balance. A l'égard du chant, la mufique pourroit fervir à porter un jugement bien affis ; mais une quantité confidérable n'ont pour ainfi dire qu'un cri. Les Oifeaux de proie ne chantent point ; hé ! que chanteroient-ils ? . . . la mort ? Il y en a d'autres qui imitent la voix humaine & quelques inftrumens , ou mêlent dans leurs chants des parties prifes fur celui des autres ; il eût donc été d'une difficulté fort grande de balancer le mérite relatif des habitans de l'air à cet égard. J'ai été obligée de me reftreindre ici à l'appréciation de la forme & de la couleur, en réfervant à un ouvrage plus étendu les avantages qu'on pourroit tirer en partageant les genres par claffes.

La forme, fi on la confidère en général, eft une dans les Oifeaux comme dans les Quadrupèdes ; tous ont deux pieds & deux aîles ; mais quoique moins variée que dans les Poiffons, elle préfente néanmoins des variétés qui fembleroient ne pas permettre d'en faire la comparaifon. On trouve dans les uns une forme élégante, des contours coulans, légers & gracieux : dans d'autres elle eft reffentie, les contours y font grands & majeftueux ; je les fais aller de pair : dans ceux-ci elle eft extraordinaire & bizarre, quelquefois gigantefque ; je ne l'élève pas fi haut : dans ceux-là elle paroît peu

heureuſe ; ces contours groſſiers &
incertains ſembleroient exclure toute
balance. Cependant on peut , comme nous l'avons fait pour les Quadrupèdes , en donnant la préférence
aux formes qui caractériſent certaines
claſſes, placer immédiatement après
les premiers de l'une, ceux qui paroiſſent être à la tête de l'autre. Le goût,
aidé de ſes principes, peut conduire
à une appréciation judicieuſe , mais
plus individuelle que ſpécifique.

Les couleurs dont le plumage des
Oiſeaux eſt décoré, ne le cèdent
point à celles qui émaillent les plus
beaux parterres , au moins pour la
variété ; il y en a même qui font
illuſion. Les unes paroiſſent comme
ſi un léger glacis, enrichi de touches

fières, recouvroit un brillant métallique, je les élève au plus haut degré; d'autres changeantes & variées pourroient en quelque forte le leur disputer; il s'en trouve de veloutées qui font auffi d'une grande beauté; il y en a d'éclatantes, de tendres & de rompues qui forment les accords les plus agréables, les contraftes les plus piquans. C'eft de la combinaifon de ces différentes beautés que naît la juftefic de la balance que nous en allons faire. Le plumage d'une feule couleur, peu éclatante fera le degré le plus bas; une feule couleur, mais très-haute ou veloutée, ira de pair avec la réunion de plufieurs couleurs tendres, qui produiroient un effet agréable; l'effet piquant de plufieurs cou-

leurs

leurs fières & tranchantes équivaudra à la richesse des changeantes ; & les unes & les autres ne le céderont qu'à l'éclat métallique , enrichi des touches dont nous avons parlé.

D'un élément nous allons passer à un autre, pour considérer les POIS-SONS, avant de voir les Insectes, classe infiniment plus nombreuse , & qui habitent l'air , la terre , & l'eau. On est dans l'usage de partager les Poissons en poissons de mer & en poissons d'eau douce : je n'en fais cependant aucune différence , parce que plusieurs qui vivent dans les rivières , fréquentent la mer dans quelques saisons , & que d'autres passent de l'Océan dans les rivières. Les rapports sous lesquels on peut

B

comparer les Poiſſons pourroient
être nombreux, ſi nos connoiſſances étoient plus étendues ; mais à
peine connoiſſons-nous la nature de
ceux qui ſervent à la nourriture de
l'homme & dans les arts. Je me
ſuis donc bornée à les apprécier par
la forme, la couleur & la ſaveur.
Outre ce que j'ai dit ſur les formes
& les couleurs à l'égard des Quadrupèdes & des Oiſeaux, on doit remarquer qu'ici la beauté des formes
ne naît pas préciſément, comme ailleurs, de la grace & de l'élégance ;
mais de certaines proportions avec
leſquelles doivent concourir des
contours coulans. Pour ſe perſuader
de plus en plus que les proportions
ne ſont pas une choſe arbitraire, il

faut reconnoître avec les anciens, lorfqu'ils déterminèrent la hauteur des colonnes, qu'un cylindre dont la longueur excéderoit dix fois fon diamètre, auroit un air grêle qui ne plairoit à perfonne, & celui dont elle feroit au deffous de fept diamètres préfenteroit une figure maffive; d'où il réfulte qu'entre ces deux termes réfide la proportion la plus agréable. Il eft donc en général dans les figures une proportion qui, réuniffant le fuffrage du plus grand nombre, doit être regardée comme une beauté réelle. C'eft fur de femblables principes que je donne à certaines formes la préférence fur d'autres. Outre que les Poiffons font plus ou moins longs, & que la lon-

gueur moyenne me paroît préférable , la variété que produifent quelques combinaifons aident encore à
la perfeﬆion. Lors donc qu'à l'avantage d'une proportion moyenne fe
joindra celui d'un contour coulant
& gracieux , qui rapprochera la forme du poiffon de celle des mufcles,
c'eﬆ-à-dire , renflés dans le milieu,
en pointe obtufe par une extrémité,
& plus alongée par l'autre ; ou comme on a coutume de former la ca-
rêne des vaiffeaux deﬆinés à fendre
les ondes , s'il étoit poffible , avec la
même facilité que le poiffon , je ne
fais fi cette forme n'eﬆ pas entr'eux
celle des meilleurs nageurs : quelques émigrans , comme le hareng ,
le maquereau , la fardine , font ainfi

formés, d'où l'on pourroit croire qu'elle eſt plus favorable : & quoiqu'on puiſſe dire en général que la forme la plus belle eſt celle qui ſe trouve la plus propre à ce pourquoi elle a été faite , cette conſidération ne m'auroit pas déterminée, ſi elle n'eût concouru ou avec la grace, ou avec quelque choſe de pittoreſque qui équivaut ſouvent à l'élégance même : en conséquence j'élève au plus haut degré ceux des Poiſſons dont la longueur eſt à la largeur ce que cinq eſt à un ; tels ſont à-peu-près les rapports entre les dimenſions du maquereau-ſanſonnet : la ſardine & l'ablette en approchent , mais leurs formes ſont moins ſveltes : l'aloſe s'en écarte un peu plus encore. D'un autre côté, nous trouvons dans le crapaud de mer & autres, comme nous l'avons remarqué aux Quadrupèdes & aux Oiſeaux, des contours grands, fiers, reſſentis, même terribles, & qu'on doit regarder comme des beautés d'un autre genre; je les fais, comme pittoreſques, concourir avec les plus gracieuſes ; je ſuis fondée à les apprécier ainſi, par l'uſage fréquent qu'en ont fait les Peintres. Les poiſſons longs ayant en général une forme moins gracieuſe, ſont en proportion moins élevés. On en voit de cylindriques, de quarrés, de triangulaires, tous ſujets d'une comparaiſon différente. Une autre forme, qu'on diſtingue aiſément, font ceux qu'on nomme plats ; la plupart repréfentent un lofange plus ou moins parfait ; ces derniers font au plus bas.

Quant à la couleur des Poiffons, proprement dits , elle n'a prefque jamais le mat de celle des Quadru-pèdes, de quelques fleurs, des fruits, &c. mais une demi-tranfparence , & femble être glacée fur un métal poli ; celle des autres n'ayant pas cet avantage, eft confidérablement inférieure. Je balance les unes & les autres au moment même où le poif-fon fort de l'eau ; car dans l'eau, ou peu après en être forti , fes cou-leurs font toutes différentes. Ce que j'ai dit à l'égard de celles des Oi-feaux, & ce que j'établirai plus bas

par rapport aux Coquillages, me dif-
penfe de le répéter ici.

Ce feroit une illufion de croire
qu'on ne pût apprécier les faveurs :
l'organe du goût n'eft point à la
vérité le même dans chaque individu, les papilles nerveufes de la
langue, du palais, &c. étant ou plus
délicates, ou plus découvertes, font
plus fenfiblement affeâées par l'action des fels que celles qui feroient
trop fermes, ou trop molles, trop
recouvertes, ou défendues par quelque humeur vifqueufe, émouffées
par quelque ufage immodéré, &c.
ce qui fait que ce qui paroît agréable à l'un, eft défagréable pour
l'autre ; que ce qui femble bon dans
un temps, paroît infipide ou trop

piquant dans un autre. Cependant on peut fe former des principes d'a-près lefquels les faveurs peuvent être balancées , & cette balance alors ne doit point être regardée comme une chofe arbitraire. Tout le monde convient à l'égard des liqueurs fpiritueufes, qu'il y en a dont l'effet fe perpétue un certain temps fur l'organe du goût, & parfume la bouche , tandis que d'autres n'y font qu'une impreffion paffagère & moins agréable. On peut remarquer la même chofe dans les fruits ; il en eft qui laiffenr fur la langue & fur le palais un relief que l'on ne trouve pas dans d'autres , quoiqu'eftimés. Nous aurions pu trouver de pareils exemples dans la chair des Quadru-

pèdes, des Oiseaux ; mais nous n'en
ferons l'application qu'à celle des
Poissons, des Crustacés & des fruits,
comme paroissant plus générale-
ment sur nos tables. Voici donc,
pour fonder l'appréciation du goût,
une qualité essentielle ; la durée de
la sensation. Mais ce principe ne
suffit pas, il faut encore que cette
sensation soit agréable, ce qui naît
d'un degré de force moyen, produit
par un mélange heureux des huiles
avec les sels : une saveur amère ne
laisse pas de devenir agréable par ce
degré moyen ; l'odeur contribue
aussi à la suavité des choses qui font
le plus de plaisir à savourer. J'ai
donc cru devoir joindre à la durée
une force tempérée pour faire base

d'aſſociation ; & c'eſt de la combinaiſon plus juſte de ces deux propriétés, que naît le plus grand agrément. Je ne prétends cependant pas que ces deux principes ſoient les ſeuls ſur leſquels puiſſe être fondée la balance des ſaveurs ; mais ils me paroiſſent ſuffire pour en établir une qui ne puiſſe être regardée comme arbitraire.

Après les Poiſſons, il paroît aſſez naturel de faire ſuivre les CRUSTACÉS. Leurs formes, quoique variées dans l'enſemble, ne laiſſent pas de ſe rapprocher beaucoup dans les détails ; & il eſt aiſé de pénétrer les motifs ſur leſquels je fonde la comparaiſon de ces animaux l'un à l'égard de l'autre. Quant à leur couleur

elle eſt aſſez différente pour être
balancée. Leur ſaveur l'eſt encore
davantage. Les uns ſont fort re-
cherchés ; en général on mépriſe
les autres ; & il s'en trouve d'inter-
médiaires.

Le partage de toute la nature
que font les nomenclateurs, eſt ſujet
à des inconvéniens conſidérables ,
auxquels s'en ſont joints quelques-
uns , lorſque j'ai eſſayé d'en faire
l'application à ma Balance. Les dé-
nominations & les claſſes que j'emploie pouvoient ſeules cadrer avec
mon plan ; quelques Reptiles &
quelques Amphibies ſont négligés
à deſſein ; il ſeroit inutile d'en dévoiler les raiſons. Ceux qui pourroient le deſirer , les appercevront

avec un peu de réflexion. Je vais faire une petite balance des principaux MOLLUQUES. Ces animaux marins très-singuliers ne sont bien connus que par les dernières observations. Je les considère seulement eu égard à la forme & à la couleur. Ils présentent quatre sortes de formes générales ; celle des Polypes marins a quelque chose d'effrayant & de singulier, néanmoins elle ne laisse pas d'être grande : celle des orties marines est plus arrondie, même plus gracieuse ; à la grace, quelques espèces d'Anémones de mer joignent l'élégance ; mais les Théties, les Holothuries, & autres du même genre, ont une forme très-gourde. Leur couleur est aussi infi-

niment au deſſous de celle des autres Molluſques, tandis que les Anémones de mer offrent un coloris
auſſi varié & auſſi beau que celui des
fleurs.

Je n'apprécie les COQUILLAGES
que ſous deux rapports, la forme &
la couleur. Par couleur, j'entends ici
richeſſe apparente : ainſi, le beau
nacré va de pair avec la couleur la
plus haute & la plus éclatante. La
nacre colorée d'une ſeule couleur
égale la variété des plus belles couleurs, & la nacre chargée des plus
belles couleurs ſera miſe au plus
haut degré. Quant à la forme, il ne
ſera pas queſtion de bizarrerie, mais
de beauté réelle. Ainſi le Nautile,
comme régulier, eſt à un des plus

hauts degrés, & au plus haut des univalves. Les Cœurs dans les bivalves ont aussi la préférence. On peut balancer de même celle des coquilles fossiles.

Ce n'est pas sans raison que je fais entrer les INSECTES dans un ouvrage sur les principaux objets que la Nature nous présente. Cette classe de petits animaux, quoique souvent méprisée, renferme le plus grand nombre de merveilles. C'est-là que les formes, les couleurs, l'industrie paroissent être au suprême degré, & sont accompagnés de singularités les plus extraordinaires. Le seul genre des Insectes renferme toutes les classes : on pourroit dire qu'il a ses Oiseaux, ses Quadrupèdes, ses

Poiſſons, ſes Reptiles, ſes Amphibies, ſes Molluſques, même ſes Inſectes. Ce genre eſt ſi étendu, qu'il tient à tous les autres par des nuances imperceptibles, & qu'il va ſe confondre avec les animaux microſcopiques : il pourroit ſeul fournir une balance plus conſidérable que celle de toutes les autres parties de l'Hiſtoire Naturelle priſes enſemble. Mais comme en général les eſpèces, les variétés qui le compoſent ne ſont guères bien connues que des ſavans & de quelques amateurs, je n'en fais entrer dans ma Balance que les plus apparentes : l'impoſſibilité de me procurer au Havre une collection aſſez conſidérable m'a obligée de me reſtreindre aux principaux inſectes de la France. Je les confidère par leurs formes , leurs couleurs & leur induftrie. Quant à ce dernier rapport, je l'apprécie non-feulement dans l'animal parfait ; mais j'ai encore égard aux différens états par lefquels il aura paffé. Par exemple, dans le Papillon , j'additionne en quelque forte l'induftrie de la Chenille , de laquelle je ne dirai rien à cet égard , parce que c'eft le même animal. Les principes qui ont fervi de bafe aux précédentes , font les mêmes que j'emploie dans celle-ci ; il eft donc utile de fe les rappeller, même quant aux couleurs Je dis en parlant des Infeƈtes, induftrie & non inftinƈt ; je me fuis expliquée fur cette dernière faculté , & fur la manière dont je devois la confidérer. L'induſtrie eſt différente : c'eſt la dextérité , l'adreſſe avec laquelle nos petits animaux ſe procurent le logement, la nourriture, pourvoient aux beſoins de leur poſtérité , &c.

Les VÉGÉTAUX , quoique infiniment inférieurs aux animaux , ne laiſſent pas d'être une des plus belles productions de la nature; ils la décorent plus qu'aucune autre , ſinon par les eſpèces, au moins par le nombre conſidérable des individus de quelques eſpèces ; de ſorte que la ſurface de la terre en eſt couverte & comme tapiſſée : c'eſt un jardin qui ne diffère des nôtres, que parce que la nature y travaille en grand & avec liberté.

Entre les Végétaux, l'ARBRE tient
le premier rang ; il doit cette pré-
rogative à sa grandeur, à sa force,
à sa durée, & à son utilité univer-
felle. Tout ce qui conftitue la plante,
tout ce qui forme le végétal se trouve
éminemment dans l'arbre ; & lui seul
bien étudié, peut donner une idée
fuffisante de toutes les parties qui
concourent à la production d'une
plante. Quel eft l'homme qui au milieu d'une forêt n'eft pas frappé
d'admiration en voyant ces chênes
majeftueux dont la cime se perd dans
les nues ! Ces confidérations femblent devoir nous porter à n'offrir
ici que la balance des arbres, en y
comprenant quelques arbriffeaux,
& même des arbuftes, parce que le

paſſage de l'un à l'autre eſt preſque imperceptible. Quant aux autres végétaux, les principales parties, comme de ceux-ci, en ſeront comparées, je veux dire les fleurs & les fruits.

Les rapports ſous leſquels on peut apprécier le mérite relatif des arbres m'ont paru être la grandeur, la forme, la couleur & l'utilité de leur bois. La grandeur s'eſtime par la hauteur & l'étendue combinées. Il y a trois formes principales ; la forme ronde, la forme pyramidale, & la forme en bouquet. Si la figure ronde eſt plus amie des yeux, parce qu'elle procure plus de repos, ce n'eſt pas ici un ſujet de préférence : la vue aime à être récréée par la diverfité des maffes ou touffes. La forme pyramidale imitant la flamme, eft d'une plus grande beauté ; mais il m'a paru que l'une & l'autre le cèdent à la forme en bouquet. Quant à la couleur, le verd le plus agréable, c'eft-à-dire, celui qui s'éloignera également du noir, du jaune, du bleuâtre, aura la préférence. Et pour l'utilité, la plus grande fera prife d'une qualité unique qui ne peut être fuppléée pour des ufages importans, ou de l'emploi à un grand nombre.

J'ai fouvent regretté de ne pas rencontrer entre les riches collections de l'Hiftoire Naturelle, une partie qui le difpute à tant d'autres par l'agrément & même par

l'utilité, les FLEURS. Ceux qui s'oc-
cupent des Arts agréables ont bien
pu les imiter jufqu'à nous faire illufion ; mais ils n'ont point encore
réuffi à les conferver avec cette
fraîcheur & cette odeur qui les
rendent préférables dans nos ajuf-
temens, au riche éclat des pierres
précieufes. J'ai fouvent confidéré
les fleurs relativement aux autres
parties de l'Hiftoire Naturelle ; elles
y jouent un très-beau rôle, & y
figurent comme l'une des plus
agréables, & même des plus utiles
productions de la création, comme
ornement & principe de fructifi-
cation du règne végétal. Leur utilité n'eft pas ce qui va nous occuper ; ce n'eft pas même leur mérite

relatif avec chacune des parties de l'enfemble qu'elles décorent fi bien; c'eft le rang, l'ordre, la prééminence que nous pouvons mettre entre elles, relativement aux ufages agréables que nous en faifons.

S'il a été difficile de fe former des principes fur le goût, la difficulté augmente encore lorfqu'il s'agit de l'odorat ; ce font toujours les papilles nerveufes qui en font l'organe. On comprend donc que la membrane pituitaire qui tapiffe l'intérieur du nez étant plus ou moins délicate, procure une fenfation forte, foible ou moyenne, & que c'eft dans ce degré moyen que confifte la perfeftion de l'organe. Les émanations des corps odoriférans répandue dans l'atmosphère qui nous environne, vont frapper cette membrane. Si ces émanations font en trop grande abondance, ou de nature à faire une forte impreſſion ſur l'organe , ou que celui-ci ſoit trop irritable par une trop grande délicateſſe , il s'enſuivra une ſenſation forte, déſagréable , ou même nuiſible ; c'eſt ainſi que les meilleures odeurs peuvent occaſionner des accidens fàcheux. Il ne ſuffit pas qu'une odeur ſoit agréable au plus grand nombre , pour le paroître à tel individu ; il faut que ſon degré d'intenſité ſoit proportionné à l'état actuel de ſes organes : d'où il ſuit que, quelques principes que nous nous formions ſur les odeurs , ils

pourroient

pourroient ne pas paroître également juſtes , encore moins les ap-
plications particulières. Cependant
les perſonnes bien conſtituées conviennent en général des odeurs les
plus ſuaves , & s'il y a quelques ex-
ceptions , on doit les attribuer à la
différence toujours ſubſiſtante de
ſexe & autres. D'ailleurs , les con-
teſtations qui pourroient naître à
l'occaſion de cette balance, ne pour-
ront être que des objets d'amuſe-
ment , parce qu'étant fondée ſur des
principes , elle ne laiſſera , je crois ,
qu'un champ borné à la préférence.
On doit d'abord examiner ſi l'eſprit
eſt d'accord avec l'expoſé , & alors ſi
la ſenſation dérange cet accord , on
doit ſoupçonner que l'on ſe trompe.

C

Il s'eſt préſenté une légère difficulté à l'égard de quelques fleurs, qui ont une odeur déſagréable. Le nombre en étant petit, je me ſuis contentée d'ajouter au zéro le ſigne moins (--), pour faire voir que je ne l'oubliois pas ; mais que je ne la faiſois point entrer en balance, vu que ſouvent elle ne nuit pas plus à l'agrément des jardins, des appartemens , ni même du bouquet , que la ttop grande force des meilleures odeurs, &c. Il faut ſe reſſouvenir de ce que j'ai dit ſur la manière de juger de la perfection des formes, des couleurs , &c ; autrement ceux qui cultivent des fleurs particulières feroient fort ſurpris de trouver leur fleur favorite ſi bas dans l'échelle que j'ai dreffée, & de voir le Lys à la tête de cette même échelle. Ce n'eft pas fa couleur feule qui l'y place, mais la réunion de ces qualités. Regardé d'une diftance convenable, ou au foleil, il a une texture brillante & riche, qui porte cette couleur au plus haut degré ; à la grace il joint l'élégance, & fon odeur fuave fournit tant d'émanation dans l'atmofphère qui l'environne, qu'une feule tige fuffit pour embaumer un grand appartement.

Dans la partie qui a pour objet les Fleurs, nous ne les avons confidérées que fous trois rapports, forme, couleur, odeur ; LES FRUITS ont de plus la faveur, qui en fait le principal mérite.

C ij

Quoique le RÈGNE MINÉRAL offre un grand nombre de corps naturels, & qu'il ſoit d'une grande importance, il le cède infiniment aux deux autres. Le plus foible lichen l'emporte par ſon organiſation ſur ce qu'il y a de plus précieux entre les minéraux. Et le plus petit moucheron, par ſa ſenſibilité, eſt d'un ordre bien ſupérieur au cèdre, ſur lequel il repoſe. Dans ce dernier des règnes, à peine pourrons-nous établir une appréciation à l'égard des objets les plus brillans, comme les Pierres précieuſes & les Métaux ; ce n'eſt pas qu'on ne puiſſe établir une ſorte de comparaiſon avec les pierres fines, les demi-métaux, les criſtaux & les autres corps qui le compoſent; mais la plupart de ces objets n'intéreſſent qu'un certain ordre de lecteurs, & les connoiſſances acqui-ſes dans cette partie ſont encore à certains égards trop peu étayées pour m'avoir permis d'en faire la balance. Je me ſuis donc bornée aux PIERRES PRÉCIEUSES & aux MÉTAUX; je con-ſidère ces derniers ſous cinq rapports, peſanteur ſpécifique, dureté, ducti-lité, fuſion & fixité; & les autres par leur couleur, leur dureté & leur valeur. Je me ſuis même trouvée néceſſitée, dans ce règne, à chan-ger ma méthode, parce que je paſ-ſois inſenſiblement à des propriétés exactes, qui ſont des objets plus propres à être comparées que ba-lancées.

C iij

Terminant cette Opuſcule au moment où tous les ſavans ont les yeux attachés ſur la France, à l'occaſion des machines aéroſtatiques, inventées par MM. de Mongolfier, j'aurois paſſé des matières les plus peſantes aux plus légères. L'un des principes les plus abondans des corps mixtes eſt un fluide ſous forme concrète, & comme fixé, coagulé, extrêmement expanſible lorſqu'il vient à ſe dégager de ces corps par la fermentation, l'effervescence, l'action du feu, &c. C'eſt ce gaz ſouvent méphitique, dont nous connoiſſons les différentes eſpèces, que j'aurois appréciées par rapport à la peſanteur ſpécifique & au degré de méphitiſme; mais comme on croit voir encore la nature des airs, & même des vapeurs changer en raifon des corps d'où ils émanent, &c. il m'a paru difficile d'établir leurs denfités relatives.

Les Naturaliftes les plus diftingués ont compris dans la fcience qui fait l'objet de leurs études non-feulement la terre & tout ce qu'elle renferme, mais même les corps céleftes. J'aurois pu fuivre leur exemple en extrayant des ouvrages de Cofmographie tout ce qui auroit concouru à rendre ma Balance plus complette. Il eût refté à comparer entre eux les fleuves, les montagnes, les contiuens & les mers ; toutes les parties de notre fyftême planetaire, & même les étoiles fixes ; l'él'évation de la source des fleuves au deſſus du niveau de la mer , la longueur de leur cours euſſent été les objets de comparaiſon , ainſi que la hauteur des montagnes & l'éten-due des continens des mers. J'euſſe conſidéré de même la diſtance des planettes , leurs dimenſions , leurs révolutions , leurs maſſes , leurs den-ſités ; & paſſant aux étoiles fixes , leurs apparitions , leurs nombres dans chaque conſtellation. Mais ces ob-jets de ſciences exactes n'offrant point la matière d'une diſcuſſion raiſonnée , n'auroient cadré qu'im-parfaitement avec mon plan. J'ai cru dans cet eſſai devoir borner ma Balance à ce qui eſt proprement mon ouvrage. Les comparaiſons cofmographiques qui , avec cette balance, embrafferoient toute la Nature , pourroient donc être rédigées dans un ouvrage particulier. Quelque petit que foit celui-ci , je ferai fatisfaite s'il peut diriger vers les corps naturels l'attention des perfonnes les moins inftruites , perfuadée qu'on ne peut contempler la Nature fans s'élever jufqu'à fon Auteur.

BALANCES.

[Lorſque l'on conſidérera quelques-unes des parties de ces Balances, il ſera d'une néceſſité abſolue de ſe rappeller par la lecture du diſcours les principes ſur leſquels elles ont été formées, autrement on courroit riſque de regarder comme arbitraire ce qui ne l'eſt point du tout.]

DES QUADRUPEDES.

	Form.	Coul.	Inſtinct.
Agouti	5	5	4
Aï ou Pareſſeux	2	5	1
Ane	11	7	8
Axis.	11	14	
Aye-aye	11	7	2
Babouin	6	4	12
Barbet , chien.	9	8	13
Baſſet , chien	6	6	15
Belette	7	7	5
Bélier	11	5	2
Blaireau ou Taiſſon . . .	4	6	7

	Form.	Coul.	Inftinct.
Bouc	9	6	4
Bouquetin.	10	4	3
Bubale.	12	8	8
Bufle	13	5	2
Cabiai	4	4	7
Canna.	6	8	
Caftor.	6	6	15
Cerf. . . . . . -	15	8	10
Chameau	7	7	9
Chamois ou yfard. . .	10	9	6
Chat d'Angora	9	11	6
Chat d'Efpagne.	10	15	7
Chauve-fouris.	1	2	3
Cheval	20	10	18
Chevreuil.	16	8	11
Chevrotin.	8	7	
Chien courant	11	9	17
— de Berger	8	4	20
Chinche.	4	7	7
Civette	8	11	12
— de Malaca	10	13	5

	Form.	Coul.	Inſtinct.
Coaſe	5	6	6
Cochon	5	4	1
— d'inde.	3	9	1
Coendou	3	5	6
Condoma	12	7	
Conépate	5	8	7
Couguar.	8	8	6
Daim	10	9	8
Daman	5	6	
Dogue c'hien	11	11	17
Dromadaire.	7	7	9
Ecureuil. . . , ...	11	10	9
Elan.	11	7	6
Eléphant	9	3	20
Fouine	6	9	6
Furet	5	6	6
Gazelle	13	10	7
Genette	6	11	6
Gerboiſe.	5	6	5
Giraffe.	7	13	1
Glouton.	5	9	11

	Form.	Coul.	Inftinct.
Gnou ou Niou......	15	10	
Guib	13	13	
Hériffon........	3	5	7
Hermine	6	15	
Hippopotame......	8	4	8
Hyene..........	8	8	11
Ifatis..........	8	11	8
Jaguar.........	10	15	5
Lama	12	8	8
Lapin	6	10	5
Léopard........	11	16	7
Lièvre	4	8	4
Lion..........	16	8	12
Loir	8	5	9
Loup	8	6	10
Loutre.........	6	12	8
Lynx ou loup-cervier..	11	13	6
Macaque	8	6	13
Mangoufte	6	12	12
Margay	10	13	
Marmotte........	4	3	8

	Form.	Coul.	Instinct.
Martre	6	11	5
Mâtin, chien	10	10	16
Mococo	9	12	5
Mongous	10	8	7
Morse ou Vache marine.	6	5	8
Mulot	3	3	4
Musaraigne	2	3	2
Nil-Gaut, mâle	13	12	
Ocelot, mâle	11	20	3
Once	11	16	9
Ours.	6	8	10
Paca	3	10	
Panthère	11	15	6
Phoque	5	7	9
Porc-épic	4	8	6
Potatouche	6	6	3
Putois	6	9	3
Rat	3	3	2
Raton	6	12	8
Renard	8	11	16
Renne	10	7	6

	Form.	Coul.	Instinct.
Rhinocéros	5	4	1
Sanglier	6	4	2
Serval	10	15	6
Singe. Ourang-outang	15	4	15
Souris	3	4	3
Surikate	7	12	10
Tapir	5	6	3
Tatou-kabassou	5	12	3
Taupe	1	5	4
Taureau	14	12	6
Tigre	11	14	7
Vari	10	9	
Vigogne	9	9	7
Unau	3	2	1
Zèbre	17	19	
Zénik des Hottentots	4	6	4
Zorille	4	8	7

DES OISEAUX.

	Form.	Coul.
Chardonneret.	7	12
Chat-huant	4	12
Chevêche	2	12
Chinquis	9	14
Choquard ou Choucas des Alpes.	10	12
Choucas	10	8
Chouette	4	11
Cigogne	10	14
Cocquar.	12	10
Co fles jaunes	11	10
Colibri	6	17
Colimbe	8	6
Colinga ou Cordon bleu	10	17
Commandeur.	10	13
Condor.	20	8
Coq.	16	15
— De roche	7	14
Corbeau	5	6
Corbine ou Corneille noire.	9	8
Cormoran	6	10

	Form.	Coul.
— Hagard	14	8
— Sort	14	8
Fauvette	9	6
Flamand	8	13
Francolin mâle	10	9
Frégate mâle	8	9
Friquet	7	6
Ganga	13	10
Gaulrion d'Espagne	10	11
Geai	10	11
— Bleu de l'Amérique	10	15
— Brun de Canada	10	8
— De Cayenne	10	13
Gélinotte	11	9
Gerfaut	16	11
— D'Islande	13	
Gorge bleue	4	13
Goulin	8	7
Grand Aigle, ou Aigle doré	19	8
Grand Duc	6	12
Grand Gobe-mouche cendré		

	Form.	Coul.
Huitrier.	9	9
Hupe	8	12
Jaſeur.	10	13
Jean-le-blanc.	13	8
Lagopède.	11	9
Lanier.	12	6
Linotte	12	9
Litorne.	9	8
Loriot.	7	14
Loris	11	16
Macareux.	5	6
Macreuſe	6	7
Mainate.	6	8
Manakin	8	20
Manchot tacheté	2	9
Manucode	10	17
— Noir.	11	15
Martin-pêcheur.	11	17
— De Ternate	7	14
Mauvette ou Mouette.	8	9
Merle.	7	6

	Form.	Coul.
— A plaſtron blanc	8	9
— Bleu.	6	12
— Couleur de roſe	11	14
— De roche	9	10
Méſange bleue	12	15
Milan	14	10
Moineau	8	6
— De l'Iſle de France	6	12
Moqueur françois	7	7
Nélicouvri de Madagaſcar	5	8
Oie	8	7
Oranvert	8	16
Ortolan.	7	8
Oiſeau de paradis.	12	15
— Mouche.	5	19
— Royal fémelle	10	9
— Saint-Martin	13	10
Outarde mâle.	11	12
Padda ou Oiſeau de riz	5	15
Paon	18	20
— De Malaca	14	16

	Form.	Coul.
— Du Tibet	11	
Paroare	9	12
Pélican	7	8
Perdrix	8	8
— De la Chine	10	10
— De Pondichéry	9	10
— Rouge	11	12
Perroquet Amazone	7	11
— Gris	10	11
Perruche des Moluques	12	16
Petite Outarde ou Canepe-tière	14	9
Petit Tétras	14	9
Pétrel ou Procellaire	6	7
Pie	8	10
— Blanche	10	11
— De la Jamaïque	7	14
Pie-grièche	8	9
— Grise	6	8
Pigeon cravate	13	13
— Couronne des grandes Indes.		

	Form.	Coul.
Indes.	14	11
—— De la Jamaïque	10	9
—— De Nicobar.	13	17
—— Grosse-gorge	10	13
—— Grosse-gorge enflée	9	12
—— Nonain	11	10
—— Paon.	13	10
—— Polonois.	12	11
—— Ramier	13	9
Pingoin	8	7
Pinson	11	11
Pintade.	9	10
Pique-bœuf.	10	6
Plongeon	6	8
Poë de la Nouvelle Zélande.	11	10
Poule d'eau de Cayenne	10	10
—— Sultane	12	14
Pygargue.	17	6
Rollier d'Angola	11	12
—— De la Chine.	8	12
—— D'Europe	10	15

	Form.	Coul.
—— De Madagafcar	11	14
—— De Mindanao	9	13
—— Des Indes	9	12
Roffignol	10	5
Rouloul de Malaca	14	13
Roufferolle	7	7
Roi des Vautours	15	10
Sacre	13	6
Sarcelle	6	11
Scops ou petit Duc	2	12
Secticolor de Cayenne	8	16
Serin	15	10
Sifilet ou Manucode à six fi-		
lets	9	16
Soubufe	5	4
Souchet	6	11
Soulcie	7	6
Spatule	7	10
Spicifère	15	18
Tangofa	9	15
Tarin	10	9

DES POISSONS.

	Form.	Coul.	Saveur.
Able ou Ablette . .	18	11	5
Acarauna du Bréfil, ou la Veuve coquette de l'Amérique	4	9	
Aiguillat	12	9	
Alofes.	16	13	15
Anchois	11	9	13
Ange	4	7	7
Anguille de mer	12	10	14
Anon ou Aigrefin	13	7	12
Baleine franche	6	8	3
Bar.	13	13	11
Barbeau	13	10	10
Barbotte franche	10	8	9
—— Graffe	15	8	9
Barbue.	8	8	11
Blanche	13	12	9

	Form.	Coul.	Sav.
Bogue	12	13	5
Bonites	16	14	14
Brême	10	10	6
Brochet	14	9	11
Buhotte ou Tout-nud	11	7	6
Cachalots	14	7	3
Cailleu	8	10	10
—— Taffart	10	13	7
Canadelle	12	8	2
Capelan de la Méditerranée	10	11	12
—— De l'Amérique septentrionale	12	10	10
Carangue ou Maquereau bâtard	11	14	10
Carpe	12	11	10
Carpion	14	12	17
Caſtagnolle	9	8	
Cataphractus	13	12	8
Chabot	8	8	6
Chauve-ſouris de mer	5	9	

	Form.	Coul.	Sav.
Chevanne	13	11	7
Chirurgien ou porte-lancette	6	9	10
Colas de la Guadeloupe.	11	10	6
Colin	18	6	10
Congre	10	10	7
Coyau ou Courlaffeau. .	10	9	
Crabe ou Saccarailla . .	14	11	5
Crapeaux de mer . . .	13	9	2
Daurade de France . .	10	16	14
Demoifelles de l'Amérique	4	19	
Diables de mer.	11	8	
Donzelle du Languedoc	9	9	7
Dorade de l'Amérique	11	19	16
Dorée ou poiffon Saint-Pierre	4	8	8
Dos de banette.	10	10	9
Doucets	12	18	4

	Form.	Coul.	Sav.
Echarde ou Epinoche .	10	7	5
Empereur	10	12	15
Eperlan	17	14	15
Efpraults	14	13	9
Efturgeon	10	10	19
Flétans . , ...	11	5	5
Flets	10	6	8
Flonde	7	6	8
Gardon	12	11	5
Goujon de mer	14	10	5
Grados	15	15	8
Grande grive de mer. .	11	11	
Grenouille-pêcheufe. . .	12	7	3
Groffe farde grife . . .	10	9	10
Gros thon	14	8	10
Gros yeux du conquet.	11	9	
Hareng	17	16	14
Hirondelle de mer . . .	18	11	9
Jars ou jaret brun . . .	15	10	3
Ichthyocolle	14	9	4
Lavaret	16	13	18

	Torm.	Coul.	Sav.
Lieu ou merlu-verdin. .	16	8	11
Limandes & Limandel-les.	11	7	9
Lingue ou julienne. . .	13	8	10
Loche franche	14	9	7
Maquereau	17	15	15
— fanfonnet	20	14	12
Marfouins.	11	6	8
Marteau.	6	8	
Melette	14	11	11
Mendole	11	10	4
Merlan	15	12	15
Méru	10	9	10
Milandre	12	8	4
Môle ou Lune	13	6	
Morue franche	13	7	11
Moucharra	7	10	
Mouchogna.	7	13	
Mourine.	9	8	7
Muges.	17	9	8
Mulèt. , ...	11	11	9

	Form.	Coul.	Sav.
Narwal	13	7	
Nègre ou maigre. . . .	13	10	14
Officier	11	11	
Orphie	8	11	10
Paon de mer.	10	16	7
Pélamides	12	12	10
Perche goujonnée . . .	13	10	13
— de mer.	9	10	11
— de rivière	11	10	12
Perroquets de mer. . .	11	10	7
Petite farde rouge . . .	11	10	7
Picarelles	12	11	5
Pilotes.	12	10	6
Plie	6	7	8
Plomb	11	13	9
Poiffon de lune.	4	13	
— à rubans	7	13	
Poiffons dorés de la chine.	12	20	
— volans	14	13	10
Pucelle ou feinte. . . .	15	13	12

D v

	Ferm.	Coul.	Sav.
Quarrelet	10	8	10
Raies	7	8	15
Renard marin	12	7	
Réquins ou Lamies	14	8	4
Rhinobatus	9	7	10
Roferet de Caen	13	13	7
Roffe de rivière	11	9	4
Rougets-grondins	13	14	11
ouffettes	13	9	5
Sar de Toulon	10	9	8
Sardines	17	20	13
Sarguet	9	9	8
Saumon	18	10	12
Scares	9	12	11
Scorpions de mer	12	8	3
Serran	14	9	9
Soles	7	5	14
Soufleurs	10	9	
Sparaillon	10	13	9
Sucet ou Rémora	10	9	
Surmulets	11	18	18

	Form.	Coûl.	Sav
Tacaud ou gode	9	10	10
Tanche	11	7	9
Targuer, grande Plie. .	8	8	6
Thon	12	8	15
Tocans	13	15	14
Torpilles	4	8	3
Trompettes de mer . .	12	11	
Truite	16	14	15
— faumonée	17	12	20
Turbots	6	6	16
Vandoife ou Dard . . .	15	9	8
Véron ou Vairon . . .	12	15	
Vieille ou carpe de mer	11	14	7
Vivano	12	12	6
Vive araignée ou dragon de mer	11	9	12
Vivelle ou poiffon à fcie	12	9	8
Umbres ou Ombres . .	15	11	13

DES CRUSTACÉS

	Form.	Coul.	Sav.
Araignée de mer .	16	4	5
Bernard l'hermite. . . .	10	6	
Cancre à pieds larges. .	7	4	
— A pinces courtes. . .	5	3	
— Cavalier ou coureur .	5	3	4
— Commun	8	4	7
— De rivière	7	11	10
— En cœur.	13	2	
— Épineux	20		
— Héraclée ou héracléotique	6	6	5
— Jaune	15	15	
— Marbré	7	20	
— Ours	7	10	
— Parasite	6	5	
— Perversus	4		
— Sillonné ou Etrille .	13	4	15

	Form.	Coul.	Sav.
—Squinade ou pagure.	10	8	6
—Velu	9	10	
Chevrette ou crevette .	11	3	13
Cigale de mer	7	6	9
Crabes	7	7	5
Ecrevisse de rivière. . .	12	8	17
Hommard ou grand écrevisse de mer.	19	9	19
Langouste	10	7	10
—Des Indes	12		
Lion	10	9	9
Poupart	14	9	20
Salicoque	15	5	18
Squille large	9	17	
—De rivière	11	3	
—Mante	8	9	12

DES MOLLUSQUES.

	Form.	Coul.
Anémones de mer,		
1re. Espèce..........	10	12
— 2e. Espèce	12	20
— 3e. Espèce.	15	16
— 4e. Espèce.........	20	10
Boudin de mer	2	4
Bouton gris..........	4	4
Cœurs-unies	6	1
Durillon	4	5
Holothurie	5	5
Informe..........	1	3
Lièvre-marin..........	7	4
Loligo	13	8
Orties marines, qui piquent .	11	7
— qui ne piquent pas.	14	13
Polypes-marins	16	12
Reclu-marin	3	2

	Form.	Coul.
Sac animal	4	6
Sèche.	11	13
Téthyes . . . . -	5	6

DES COQUILLAGES.

	Form.	Coul.
BUCCIN.	14	15
—— Afne rayé ou zebre . . .	11	15
—— Fufeau	13	9
—— Grand Fufeau	14	11
—— Mitre	14	16
—— Scalata	8	7
Came.	11	14
—— Abricot	12	12
—— Blanche	10	16
Cœur.	15	9
—— Arche de Noé	18	12
—— De bœuf	19	7
—— En bateau & en foufflet. .	13	12
—— Chou ou feuille de chou .	15	12

	Form.	Coul.
—— Concha exotica	18	12
—— En corbeille	13	12
—— Epineux	15	5
—— Faîtiere.	16	9
—— Poule & coq.	11	7
—— Tuilé.	15	5
—— De Vénus	14	7
Conques analifères	8	9
Cornet	13	17
—— Amiral par excellence . .	13	15
—— Damier	13	15
—— d'Oma ou de S. Thomas	13	17
—— Vice-Amiral	12	15
Gland de mer	10	12
—— Rayé.	10	13
Huître crête de coq	12	5
—— Enclume	6	3
—— Épineufe.	16	15
—— Feuillée.	13	16
—— Gâteau feuilleté	12	15

		Form.	Coul.
—— Marron.		16	15
—— Nacre de Perle		10	12
—— Rastellum		13	6
Lépas		8	13
—— Oreille de mer		9	11
—— Patelle		8	13
—— Sabot		9	14
—— Limaçon		10	15
—— Bouche d'or		10	15
—— Burgau		10	14
—— Cadran		12	14
—— Dauphin		10	10
—— Éperon		11	13
—— Œil de bouc		10	14
—— Peau de serpent		10	15
—— Toit chinois		10	13
Manche de couteau		9	9
Moule bleue d'Alger		14	20
—— Bossue des Papoux		10	11
—— Magellane		14	19
—— Mississipienne		14	15

	Form.	Coul.
—— De rivière	10	12
—— Verte de la mer rouge	10	12
Murex ou rocher	12	12
—— Ailée de la Chine	12	10
—— Araignée	8	13
—— Bois veiné	10	12
—— Caſque	10	16
—— Conti	14	12
—— Dent-de-chien	11	14
—— Muſique	9	10
—— Scorpion	8	7
Nautille cannelé papiracé	20	14
—— A cloiſons	19	13
Nérite	9	7
—— Blanche & rouge	10	15
Olive	14	11
—— Panama	14	13
Peigne ou Pétoncle	15	16
—— Coraline	14	12
—— Manteau ducal	12	17
Pholade	12	12

	Form. Coul.
—— Arrosoir	11 10
Vis	13 14
—— Clocher chinois	12 13

DES INSECTES.

	Form.	Coul.	Induſt.
ABEILLES cardeuſes.	3	3	15
—— Coupeuſes de feuil-les.	5	4	16
—— Des ruches	5	4	20
—— Maçonnes	5	4	18
—— Menuiſières	6	4	17
—— Tapiſſières	6	3	18
Altiſe bleue.	3	10	5
—— Rubis	3	20	5
Antribe noir ſtrié	6	6	
Araignées aquatiques . .	5	3	16
—— Des jardins	7	10	15
—— Domeſtiques à lon-			

	Form.	Coul.	Induſt.
gues pattes	4	5	13
Aſile brun à ventre à deux couleurs	9	8	3
Becmare vert	4	15	1
Bibion de S. Marc, rouge	6	7	2
Bouclier à boſſes.	5	8	1
—— Jaunes, à taches noires	4	10	1
Bouſier capucin	5	8	2
—— Hottentot.	4	8	2
Bruche à bandes.	2	4	4
Bupreſte doré ou Jardinier.	8	16	9
—— Galonné	7	17	8
—— Velours vert à douze points blancs	6	18	9
Cantharides	6	17	
Capricorne Roſalie . . .	13	14	5
—— Rouge.	10	12	5
Cardinale	6	15	
Caſſide panachée	2	10	6

	Form.	Coul.	Ind. Æt.
Cerfs-volans.	10	7	4
Cérocome.	8	13	
Charenfon brun du bled .	3	3	6
—— Géographie.	5	8	4
Chenille à broffe.	4	11	
—— A corne du tilleul. .	5	7	
—— A double queue du faule.	7	9	
—— Arpenteufes.	3	6	
—— A tubercule de la charmille	6	10	
—— A tubercule du poirier	10	15	
—— Du fenouil	7	11	
—— Du titimale à feuilles de cyprès.	9	14	
—— La Caffini	3	7	
—— Le Sphinx.	9	12	
—— Livrée	3	10	
—— Manteau Royal. . .	3	9	
—— Marte.	5	6	

	Form.	Coul.	Indust.
Chryfomèle à galons, vue à la loupe	4	20	3
—— Arlequin doré. . . .	4	18	2
—— Grand vertu-bleu. .	3	15	2
Cicendèle noire	6	7	
Cigale à taches rouges. .	10	13	9
—— Flamboyante	5	15	8
—— Petit diable	6	4	9
Cinips des chryfalides de papillons	7	12	11
—— De la galle liffe & ronde du chêne	7	10	8
—— Porte-or	7	16	
Ciftèle fatinée	2	9	
Clairon à bandes rouges	6	13	7
Cloportes	3	8	4
Coccinelle rouge à fept points noirs.	2	9	5
Cochenille.	1	6	9
Coufin commun.	6	5	10
Criocères	3	12	8

	Form.	Coul.	Induft.
Criquet à aîles rouges . .	2	11	6
Cuculle	9	8	
Demoiselle Amélie . . .	8	8	7
—— Aminthe	9	14	8
—— Eléonore	10	9	8
—— Louise.	8	13	8
Ephémère jaune à deux filets, & aîles réticulées	8	8	7
Faucheur	3	5	
Forbicine	7	11	
Fourmi-lion.	9	6	12
Fourmis.	5	4	18
Frêlon noir à échancrure	4	5	6
Frigane fauve.	5	6	9
Galeruque brunette. . .	4	4	2
—— Violette	2	9	2
Gribouri bleu	3	11	4
—— Velours vert	3	15	4
Grillon-taupe ou Courtillière	5	4	7

Guépes

	Form.	Coul.	Induſt.
Guêpes dorées	5	16	1;
— Solitaires	6	8	17
— Souterraines	4	6	19
Hémérobes ou lion des pucerons	8	13	7
Hippoboſque	7	9	3
Hydrophiles	6	7	6
Ichneumons	8	6	15
Kermes	1	11	9
Lepture arlequine . . .	8	10	4
— Aux croiſſans dorés.	9	14	5
— Rouillée	12	9	5
Mante	6	9	6
Mélolontes	4	8	
Mordelle noire à poin- tes. . . , ...	5	7	4
Mouche à ſcie, à quatre bandes jaunes	6	6	7
— Hébraïque verte. . .	6	9	7
Mouche ſcorpion	7	6	
Mouches à ailes panées			

	Form.	Coul.	Induft
chées	8	8	3
Mouches à mafque . . .	9	9	2
Mouches armées	5	10	4
Mouches communes . .	9	8	1
Mouches dorées.	7	15	1
Mouches panachées . .	10	11	3
Naucore . . , ...	6	9	7
Némotêle à bande . . .	8	7	2
Oeftre	6	7	6
Omalife	5	8	
Papillon à queue du fe-nouil	18	16	9
—— A queue flambée. .	17	15	9
—— Aurore, mâle . . .	13	13	9
—— Belle Dame	14	15	7
—— Blanc du chou . . .	13	11	10
—— Caméléon, mâle . .	16	15	8
—— De la citrouille . .	12	16	8
—— Demi deuil	13	12	7
—— Des chenilles mineu-fes de feuilles d'orme			

	Form.	Coul.	Indust
& de pommier, vu au microfcope	3	20	9
—Du feneçon	8	12	7
—Du ver à foie	4	6	7
—Épervier	6	5	5
—Frange bigarrée.	8	12	7
—Gamma ou robert le diable	14	14	9
—Grande tortue	14	15	9
—Grand Nacré	17	18	7
—Crand Paon.	16	19	9
—Hériffonne ou marte.	13	15	10
—Incarnat	7	12	7
—Le flot	12	9	6
—Mars	13	15	6
—Morio	12	13	7
—Moucheté	10	15	8
—Moyen Paon	15	17	9
—Œil de Paon	17	16	8
—Paquet de feuilles fè-ches.	6	5	3

	Form.	Coul.	Induſt.
—— Petit Paon	12	16	9
—— Petit Prince	4	8	6
—— Phinx de la vigne .	8	12	7
—— Phinx du troëne . .	9	13	7
—— Ptérophore blanc . .	7	9	5
—— Tabac d'Eſpagne . .	15	16	7
—— Teignes	7	11	15
—— Tête de mort . . .	10	10	4
—— Turquoiſe	8	14	6
—— Vulcain	11	13	7
Perce-oreille	4	5	4
Perle brune à raies jaune.	7	7	10
Prione	5	8	
Proſcarabé	3	4	1
Pſylle du figuier , . . .	8	6	5
Pucerons	4	9	6
Punaiſe à avirons . . .	5	8	7
—— Mouche	9	6	6
—— Rouge des jardins. .	8	10	4
—— Siamoiſe	6	9	4
Richard à foſſettes. . .	5	16	

	Form.	Coul.	Induſt.
——A ſtries	4	17	
——Rubis	5	18	
Sauterelle à coutelas	8	10	8
——A ſabre	6	9	8
Scarabée Emeraudine	4	15	5
——Foulon	6	9	1
——Hanneton	5	7	5
——Moine ou Rhinocéros	5	7	3
——Phalangiſte	4	5	2
Scolopendres ou mille-pieds	7	6	2
Scorpion aquatique à corps a'longé	3	7	6
Staphylin bourdon	6	11	6
——Liſſe	5	4	8
——Rouge à tête noire & étuis bleus	4	10	4
Stencore rouge à étuis violets	8	10	5
——Bedeau	7	8	5

	Form.	Coul.	Induſt.
Stomoxe.	9	5	
Taon	10	6	5
Taupins	4	9	4
Ténébrion bronzé	8	10	3
Tipule couturière, variée de brun, de jaune & de noir	11	9	2
Tourniquet	4	11	6
Trips à pointe	1	4	4
Tritôme.	5	9	
Urocère.	6	8	
Ver luiſant, femelle	3	20	
Volucelle à ventre blanc.	8	9	1
Vrillettes	2	5	5

DES ARBRES.

	Grand.	Form.	Coul.	Utilité du bois.
Abricotier .	10	10	12	
Acacia, faux	12	12	10	2
Acajou	18	15		18
Aliboufier	8	5	8	
Alifier	12	14	12	15
Amandier	10	12	10	
Arboufier	4	5	10	
Arbre aux tulipes . .	17	18	8	16
—— de Judée . . .	8	10	12	
—— De vie ou tuya.	12	15	15	
—— Du vernis du japon	8	10	6	5
Aulne	8	12	8	12
Azerolier	8	11	10	6
Bouleau	8	12	6	2
Buis . . . . . . - . .	5	5	13	10
Cacaoyer	9	5	4	

	Grand.	Form.	Coul.	Utilité du bois.
Calebaffier........	18	12	15	
Çanéficier ou Caf-fier.........	11	12	11	
Canelier........	9	11	12	
Cèdre	20	18	12	20
Cerifier	8	8	9	4
Charme	5	9	18	8
Chataignier......	15	18	8	17
Chêne	19	20	20	20
—— Vert........	16	18	17	18
Citronier........	8	10	15	3
Coignaffier......	6	4	5	2
Cormier	15	15	12	15
Cornouiller	5	4	6	3
Coudrier........	4	5	9	1
Cyprès	16	14	9	10
Ebêne	19	17	10	12
Epine (aube-épine).	8	11	12	7
Erable	10	12	12	10
Figuier.........	5	11	7	1

	Grand.	Form.	Coul.	Utilité du bois.
Frêne.	16	16	12	16
Gayac	17	15	10	17
Génévrier	8	12	9	
Giroflier	8	10	12	
Grenadier	8	7	15	
Gueldre ou aubier .	5	3	3	
Hêtre.	19	17	18	12
Houx	10	11	16	10
If ou yf	10	10	10	8
Jujubier	10	9	7	
Laurier cerisier. .	7	11	14	
——Franc	8	10	12	
Liège	16	18	10	20
Lierre en arbre. . .	4	5	15	
Maronnier	18	18	15	
Méleze	17	13	12	8
Micacoulier	14	16	15	5
Mûrier	12	15	11	4
Néflier . . . . : . .	6	4	5	2
Noyer	15	15	14	12

	Grand.	Form.	Coul.	Utilité du bois.
Olivier.	10	12	9	4
Oranger	8	10	15	3
Orme	15	18	18	15
Palmier	20	14	14	
Pêcher	8	8	10	
Peuplier	18	16	16	10
Pin	12	10	6	12
Piftachier ou térébinthe	12	10	9	
Platane	15	10	15	8
Poirier	18	14	9	2
Pommier	12	12	9	10
Prunier	8	3	7	2
Sapin	19	14	8	20
Saule	8	10	8	1
Sureau	6	6	5	8
Sycomore	15	9	14	7
Tamarinier	15	16	12	
Tilleul	14	11	13	11
Tremble	8	10	8	
Yeufe	10	17	16	18
Ypréau	17	16	11	14

DES FLEURS.

	Form.	Coul.	Odeur
Aconit	11	8	0
Althéa	6	13	0
Amarillis	15	18	0
Amaranthe	12	17	0
Ancolie	9	9	0
Anémone	10	15	0
Arum d'Egypte	15	18	0
Asphodèle (Lys)	15	10	15
Aster	10	13	0
Balsamine	10	13	0
Belle-de-nuit	12	10	12
Bluet ou aubifoin ...	6	14	1
Bois-joli	6	10	12
Bouton d'argent	8	10	0
——D'or	8	13	0
Campanule	12	10	0
Canne d'inde.	15	15	0

	Form.	Coul.	Odeur.
Capucine	13	18	3
Chevre-feuille	9	12	16
Cierge-chenillé	15	15	0
Citron (fleur de)	4	11	15
Clématite	12	7	8
Colchique	5	5	0
Coquelourde double . .	10	11	0
Croix de Jérufalem double ou Conftantinople	13	14	0
Cyclamin	3	10	0
Cytife	10	10	1
Epine	9	7	15
Fraxinelle	13	12	2
Fritillaire.	8	9	0
Genet d'Efpagne	12	12	12
Géranium	10	14	0 —
Géroflée	15	17	17
Géum	6	8	0
Grenade (fleur de) . . .	12	18	0
Grenéfiene	9	18	0

	Form.	Coul.	Odeur.
Héliotrope ou soleil . . .	15	12	o
Héliotrope à odeur de vanille	5	4	15
Hépatique	6	15	o
Jacinthe	8	14	15
Jasmin	10	10	18
Jonquille	13	18	18
Julienne	10	12	10
Immortelle	8	12	o
Impériale	15	9	o—
Iris	12	15	o
Ketmia	2	6	o
Laurier-rose	10	11	o
—— Thym	9	7	4
Lavande . . , ...	3	5	18
Lavatère	5	6	o
Lilas	11	7	15
Lys	20	20	20
Mandragore	5	8	o
Martagons	13	19	o
Marguerite double . . .	5	10	o

	Form.	Coul.	Odeur.
Mauve	8	12	0
Mignardife	6	5	0
Mille-feuille d'Egypte	8	12	0
Myrthe double	10	10	0
Muffle de lion	8	4	0
Muguet	6	8	15
Mufcari	3	1	7
Narciffe	9	19	19
Œillet	13	18	18
—— de Poëte	5	10	0
—— D'inde	14	19	0—
Orange (fleur d')	6	11	17
Ornithogale	8	6	0
Ofier à fleur ou Laurier			
S. Antoine	12	12	0
Pafferofe	18	19	0
Pavot	12	19	0—
Pêcher (fleur de)	8	12	1
Penfée	6	18	12
Pervenche	9	11	0
Pied-d'alouette ou del-			

	Form.	Coul.	Odeur.
phinette	12	10	0
Pione	10	17	0—
Pois à fleur	10	12	6
Pommier (fleur de)	8	10	8
Primerole ou Primevère.	5	10	7
Queue-de-lion	12	17	1
Ravenelle	12	15	15
Reine marguerite	12	13	1
Renoncule	9	12	0
Réséda	5	1	15
Rose	18	19	20
—De gueldre	11	9	0
—Musquée	8	10	16
Sainfoin d'Espagne.	10	12	0
Saxifrage	8	8	0
Scabieuse	8	10	13
Scylle	8	8	0
Sédum	15	12	0
Semi-double	9	19	1
Souci	9	17	0
Staphis aigre	10	10	0

	Form.	Coul.	Odeur.
Staticé	6	5	0
Taraspi	12	13	0
Tubéreufe	15	12	18
Tulipe	16	18	2
Véronique	7	7	0
Violette	5	12	20
Volubilis	8	13	1
Yeux de Perdrix	2	15	0

DES FRUITS.

	Form.	Coul.	Odeur.	Saveur.
ABRICOT & variétés	10	16	8	16
Airelle ou myrtile	2	6	1	5
Amande	4	6	2	10
Ananas	20	13	12	20
Banane	11	8		12
Batatte ou Patatte	3	1	2	10
Cacao	11	3	6	6

	Form.	Coul.	Odeur.	Saveur.
Calebaffe	13	11	0	0
Caffe	7	3	6	6
Cerife ambrée	7	14	3	12
—— Bigarreau	8	16	5	10
—— Griotte	6	14	2	13
—— Guigne	5	11	5	8
—— Merife	4	7	5	6
Châtaigne	4	8	14	12
Citron	12	15	19	9
—— Bergamotte	9	12	16	10
—— Limon	10	13	16	11
Citrouille	11	11	2	4
—— Potiron	9	8	2	4
Coco	6	8	3	10
Concombre	11	10	5	8
Datte	6	4	3	7
Epine-vinette	5	11	4	5
Figue blanche	10	3	10	18
—— Violette	9	5	9	16
Fraife & variétés	6	16	15	16
Framboife	6	15	20	15

	Form.	Coul.	Odeur.	Saveur.
Giromon	10	9	3	5
Grenade	12	18	4	9
Groseiller épineux .	8	8	4	10
—— Caſſis	11	7	8	9
—— Rouge	11	14	5	12
Jujube	6	10		9
Melon	13	15	19	20
—— D'eau	10	9	0	1
Melongène ou auber-				
gine.	11	9	0	8
Mûre blanche. . . .	8	6	8	9
—— Noire	8	10	9	12
—— De Renard ou				
de Ronce	7	10	9	10
Neffles	6	3	4	8
—— Azeroles	5	3	4	6
Noiſettes	4	4	1	10
—— Avelines	3	4	1	11
Noix	5	5	0	8
—— D'Acajou . . .	5	2	0	10
Olives amélodes . .	6	6		8

	Form.	Coul.	Odeur.	Saveur.
—Picholines . . .	5	7		9
Orange.	11	18	19	15
—Bigarade	11	14	17	10
Pêches & variétés .	12	20	10	14
—Brugnon	10	12		13
Piſtache	6	3	0	9
Poire d'Amboiſe. .	9	6	4	15
—De bergamotte.	8	5	5	9
—De bon-chré-tien	15	14	8	14
—De coing . . .	12	8	14	13
—De colmart . .	12	7		13
—De doyenné. .	12	12	9	11
—De jardin . . .	10	11	5	12
—De Livre. . . .	12	9	4	10
—De Meſſire-Jean	5	3	8	11
—De Rouſſelet-de Reims	11	8	9	12
—De ſucré-vert .	10	8	4	12
—De verte-lon-				

	Form.	Coul.	Odeur.	Saveur
gue.	10	7	3	13
—De virgouleuse	9	6	4	11
Pomme d'api	9	19	0	3
—De calville côtelé	12	12	7	12
—De Femouillet.	9	11	2	12
—De Paffe-pomme	10	15	12	11
—De Pigeon . . .	10	14	9	16
—De Rambourg franc	11	9	10	10
—De Reinette blanche	11	7	8	14
—Franche	10	6	8	17
—Grife.	10	6	8	16
—Rouge	9	13	8	10
—De violette . .	10	12	12	15
Pomme d'Acajou. .	12	10	0	11
—d'Amour	6	11	0	4
—De terre. . . .	3	6	2	10

	Form.	Coul.	Odeur.	Saveur.
Prune de damas . .	6	12	4	11
—— De mirabelle . .	6	6	8	12
—— De Monſieur .	7	8	8	9
—— De perdrigon violet	6	10	3	10
—— De Reine-Claude	7	8	4	20
—— De Ste. Catherine.	6	9		13
Raiſin & variétés .	13	13	3	13
—— Chaſſelas	17	10	1	16
—— Muſcat	17	9	1	14
Tamarin	8	4	0	9

DES

PIERRES PRÉCIEUSES.

Ordre de dureté. Le Diamant est le plus dur.

- Diamans.
- Rubis ou Escarboucle.
- { Saphir.
- { Topaze.
- Emeraude.
- Améthyste.
- Grenat.
- Hyacinte.
- Chrysolite.
- Aigue-marine.
- Opale.

Ordre de valeur. Le Diamant est le plus cher.

- Diamans.
- Rubis.
- Saphir.
- Emeraude.
- Topaze.
- Hyacinte.
- Améthyste.
- Grenat.
- Chrysolite.
- Aigue-marine.
- Opale.

DES MÉTAUX.

	Poid d'un pied cube.
Argent................	744 ℔
Cuivre.	648
Etain	532
Fer	576.
Or	1368
Platine	$1258\frac{1}{17}$
Plomb	828

Ordre de dureté. La Platine est la plus dure.
{ Platine.
Fer.
Cuivre.
Argent.
Or.
Etain.
Plomb.

Or.

Ordre de ductilité. L'Or est le plus ductile.
- Or.
- Platine.
- Argent.
- Cuivre.
- Fer.
- Etain.
- Plomb.

Ordre de fusion. L'Etain est le plus fusible.
- Etain.
- Plomb.
- Argent.
- Or.
- Cuivre.
- Fer.
- Platine.

Ordre de fixité. L'Or se volatilise le dernier.
- Or.
- Platine.
- Argent.
- Fer.
- Cuivre.
- Etain.
- Plomb.

Cet Opuscule n'offre pas feulement, comme on vient de le voir, en parcourant chaque Balance, la nomenclature des principaux objets que la Nature nous préfente ; mais il donne une idée de la valeur relative de chacun de ces objets par rapport à ceux qui font de même claffe. Par exemple, en appercevant dans la Balance des Quadrupèdes le nom Panthère, on apprend, fi on ne le fait pas, qu'il exifte un animal de ce nom, qu'il eft quadrupède ; & comme il a onze en forme, cela montre ce qu'elle vaut, comparée avec celle de chacun des autres animaux de cette grande claffe ; qu'il le cède à cet égard au Cheval, au Lion, au Cerf, &c. qu'il l'emporte fur l'ours , le Dromadaire, la Vigogne , &c. & qu'il égale le Tigre , l'Once, &c. Quinze en couleur indique l'appréciation relative de la fienne, qu'elle eft fupérieure à celle du Cheval , du Cerf, du Lion, &c. égale à celle du Serval, de l'Hermine, &c. & eft inférieure à celle de l'Ocelot mâle , du Zèbre, &c. Son inftinct étant repréfenté par le nombre fix , montre fon degré relatif dans la gradation, l'élève au deffus de l'Ocelot mâle, du Bufle, &c. l'égale au Chamois, &c. & le tient au deffûs du Lion, de l'Ours, &c. On peut faire l'application de tout ceci non-feulement aux Quadrupèdes , mais encore à tous les objets de chacune des Balances. De même vingt apperçu dans une colonne quelconque, fera connoître l'être qui a au plus haut degré la qualité qui y est balancée.

Les perſonnes éclairées ne feront pas furpriſes de trouver quelques lacunes dans les colonnes d'un ouvrage qui renferme un auſſi grand nombre d'objets ; elles favent que nos connoiſſances dans pluſieurs genres font encore bornées, & j'ai cru qu'il étoit plus prudent de laiſſer des vides que de les remplir au hazard.

F I N.